The Painting Technique of

FASHION Design

服装速写技法

[修订本]

胡晓东 著

长江出版传媒 湖北美术出版社

CONTENTS
目 录

FOREWORD
前 言

一般而言，速写是提升造型能力的重要手段，准确和快速是其基本要求。而服装速写是针对服装画进行的速写练习，它主要有两个目的：一是准确而快速地表现服装设计图；二是为画好服装插画打下造型能力的基础。

服装速写的练习可以促使我们的绘画基础训练尽快向专业设计的表现转换，帮助我们树立专业学习的信心，同时还能促使我们从专业角度关注时尚，关注设计，关注品牌，关注设计大师，快速捕捉设计灵感、流行信息等。本书提倡从人体结构、人体动态、艺术语言、服装造型结构、表现技巧等方面训练服装速写。勤能补拙，天道酬勤，只有多下功夫，进行大量练习，才可能画好服装速写，才可能达到设计思想的充分记录和自由表达。

本书在2011年初版的基础上新增了部分图例，并对原有图例、文字以及版式方面的不妥当之处予以修订，更贴合目前的专业教学和服装设计人士的学习需求。

Chapter 1
服装速写
Fashion Sketch

速写，顾名思义是一种快速的写生方法。速写属于素描的范畴，可理解为一种在较短的时间内完成的、简练的、直记式的素描。速写同素描一样，不但是造型艺术的基础，也是一种独立的艺术形式。从广泛的意义上来说，它是一切艺术思维的萌芽状态。具体来说，速写又是艺术家进行创作前不可缺少的准备阶段和记录手段。

事实上，对于许多造型艺术家来说，速写几乎伴随了其一生的艺术实践。艺术家为了捕捉住快速流变的生活或记录下头脑中瞬间的想法、感受、灵感等，常采用速写这种方式。这不仅仅是因为速写具有直记性，而且因为速写是一种只要身边有纸和笔就可以完成的艺术形式，它具备了其他造型艺术手段不可替代的优越性。

而服装速写，既有其在语言、手法上的独特性，同时又具备与其他艺术门类相互渗透的可能性；既是服装设计造型艺术基础能力的一种训练手段，又是一种设计思维的艺术表达方式；既可以被当成名词，指服装速写作品，又可以作为动词，指服装绘画的一种行为状态，一种设计表达及绘画能力的实施过程。

另外，从字面上看，服装速写又具有限定性，指在短时间内写生或在短时间内完成的写生作品。从专业方向看，服装速写是为了准确地了解人体结构和比例，为了迅速表现着装人体和设计意图而进行的绘画基本功的训练，是学画服装画或服装设计图时不可缺少的一种基础训练。它是一种简捷、精练的设计绘画手段或表现形式，有时其直觉感受多于理性分析，主动造型多于被动模仿。服装速写为服装设计提供了最基本的、最快速的语言表达方式。

在服装速写的教学中，我们一般是把速写作为造型艺术基础能力训练的手段来看待的，准确和快速是其基本要求，更高的要求则是设计思维的充分记录和自由表达。

从专业角度来看，服装速写的目的主要服务于四个方面，分别为：
1. 服装设计图的绘制
2. 服装插画的绘制
3. 设计灵感的表达
4. 范例的临摹记录

学画服装速写，天赋固然重要，但作为基础技法的速写，任何人只要是通过勤奋，并遵循正确的学习方法都可以掌握，因为手的灵巧性和感觉的敏锐性都是可以通过训练来提高的。因此，平时养成画速写的习惯，对画好服装速写具有重要意义。

初学者在开始学习时可能会通过文字去领会速写的要领，但随着学习的深入和训练的增加，领悟设计、读懂优秀的范画将越来越重要，因为一件优秀的作品不仅承载了作者的想法，而且包含了正确的观察和表现方法。向优秀的作品学习，也是画好服装速写的重要方法。

Chapter 2
服装速写的
艺术语言
The Art Language of
Fashion Sketches

一件绘画作品的基本语言是形与色。在绘画基础训练中，习惯上将形的训练纳入素描课程。而形又涉及点、线、面三个基本语言单位，在点、线、面三个基本语言单位中，点又是最基本的单位，因为我们可以将线理解为点的运动轨迹，将面理解为扩大了的点、线。在这里，我们所说的服装速写的艺术语言，其实是指服装速写所采用的造型手段。这些手段包括线条、明暗、色块等。由于表现风格的不同，个体的审美差异，以及在面对对象时的感受和速写的目的不同等，这些手段在被选择时都是有所侧重的，而其中线条几乎为服装速写的首选手段。

1.线 条

人类早期艺术活动中的绘画（这里指原始绘画），以及与之相似的儿童绘画，已经显示人们运用线条的本能。最常见的是用线条来区分物象与背景，这就是我们通常所说的"轮廓线"。在画家眼中，轮廓线并不只是区分形象与背景的边线，还兼有暗示形体与空间的作用。认真体会轮廓线在表现力度上的差异，对一个想用线条来尝试画服装速写的人来说，将不无裨益。

线条之间有穿插、重叠、疏密、粗细以及曲直、长短等不同关系，这极大地丰富了线条作为艺术语言的表现力。但是，对于初学者来说，这些线条首先要落到造型的实处，避免出现服装速写中常见的空、油、飘等毛病。服装速写的用线还有很大一部分要建立在对服装结构的理解上。

只要用笔在纸上划过，就会留下线条。线条可以说是服装速写中最简便的语言。速写要求在一个相对较短的时间里完成，线条被广泛使用也就成为必然。无论在中国，还是在西方，许多艺术家都为我们留下了线条速写的范例，认真地体会这些范例，对学画速写的人来说是极有帮助的。

作素材的需要等等，明暗语言还经常出现在速写之中，最常见的是它与线条结合使用，这就是通常所称的"线面结合"的表现手法。在这里"面"包括两种含义，一是指被画对象本身形体结构上的面，二是指在特定光线下所产生的阴影暗面。"线面结合"的手法可以使服装速写画得相对深入，细节交待得相对丰富。

2.明 暗

在传统绘画中，线条具有举足轻重的作用。线描法是传统中国绘画的主要技法。中国人在长期的绘画实践中，丰富了线条的表现语言。然而，在面对更为丰富的自然时，线条依然有它表现上的局限性。于是，我们不得不谈谈速写的另一种语言——明暗。

自然界中，明暗是由光投射到物象上产生的。明暗作为艺术语言的产生和完善基于人类渴望艺术与自然相匹配的心理需要。在西方，经历代画家的努力，明暗这套艺术语言已经相当完善。

由于个体物象构造和形体上的差异，光在投射到这些物象的表面时，会产生丰富的调子变化，在最亮与最暗的调子之间存在着无数个中间调子，在纸张上对这些调子的描绘，会使人产生空间和立体的感觉。其中，物象本身在构造上、形体上的差异是调子变化的根本所在。结构和调子不是对立的两个因素，它们是相互依存的。结构只有通过调子才能得到体现，调子只有以结构为依据才能不流于空洞、表面。也就是说，丰富调子也是表现结构的一种手段。

明暗在作为一种艺术语言时，不仅仅指在明暗关系上与自然相匹配，而且指画面自身的明暗色域的分布。这样，明暗自身即存在独立的审美价值。在表现情调、烘托气氛时，明暗语言是经常被使用的。

另外，明暗在素描中的运用远远多于在速写中的运用。因为速写大多在一个较短的时间里完成，而明暗语言的充分实现需要一个较宽裕的时间。由于某些特定的环境气氛、特定的人物形象，以及创

3.色 块

服装速写中的色块是从速写语言的角度来说的。从材料工具及表现方法上来看，主要指在速写时用某些颜料或墨汁薄涂而产生的色块。在绘制的过程中，色块通常与线条结合起来，以表现特殊的氛围与效果。当然，薄涂也可调出丰富的浓淡变化，这样的薄涂属于明暗语言。而这里主要是指通过平涂而产生的色块，同时还涉及工具和材料的表现技巧。用色块薄涂很适合表现服装的整体廓形，剪影式效果非常强烈。

4.平面和立体

就造型而言，平面化和立体化也可以作为表现语言来理解。

人们一般会认为线条、平涂的色块适合表现平面化的效果，明暗或线面结合适合表现立体化的效果。其实不然，线条的穿插组合、平涂色块有规律的组织变化仍然可以表现立体的造型，明暗或线面结合的方式则可以使平面化的效果更具丰富的形式。所以选择平面化还是立体化的效果，主要取决于不同风格的画面追求。这需要多一份细心的体会和揣摩，万不可教条化。

5.取舍关系

所谓"取"，就是服装速写要抓住被描绘对象最生动的部分，并对其作较为明确和相对深入的描绘，尤其是在表现服装的结构细节方面。反之则作大胆的概括，舍去一些不必要的影响服装效果的细节，此为"舍"。这里要提醒初学者的是，所谓舍弃、概括并不意味着草率，速写的简练也不是简单，其中自有规律性存在。

综上所述，服装速写的艺术语言是十分丰富且相互关联的。服装速写作为商业绘画的一种形式，其语言不仅要涉及所运用的表现手段，而且涉及一定的工具和材料。

Chapter 3
速写的工具和材料
Descriptive Tools and Materials

绘画作品的产生离不开对某些工具和材料的使用。服装速写也不例外，不同的工具和材料可产生不同的视觉效果。

速写最常用的工具和材料是笔和纸。

笔：铅笔、炭笔、炭精条、木炭条、钢笔、针管笔、毛笔等。

纸：事实上大部分纸张都可以用来画速写。

想要达到预想的视觉效果，需要初学者在实践中多加体验，并培养起对材料视觉效果的敏感性，从而选择适合自己的工具和材料。而大多数的工具和材料，都有它的长处和局限性，一种视觉上的效果又跟某种特定的工具和材料的使用分不开。所以，了解、掌握工具和材料对学习画服装速写是十分重要的。

铅笔效果

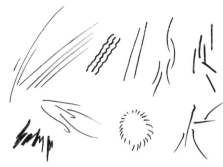

马克笔效果

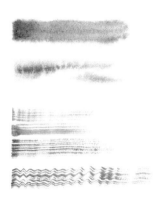

尼龙笔效果

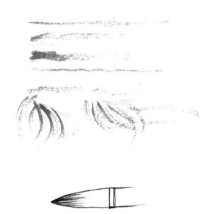

毛笔效果

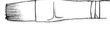

水溶性彩铅效果

▲ 水溶性彩铅效果

1.不蘸水的效果。

2.笔头蘸水后画的效果。

3.先用清水铺底，水没干时画的效果。

4.先画线条，后用水晕染的效果。

5.用湿润的毛笔蹭取铅芯的颜色来画的效果，适合小面积使用。

6.把笔头平铺着画后用水晕染的效果。

7.清水铺底后笔头平铺画的效果。

8.清水铺底后用不同颜色的线条交织着画的效果。

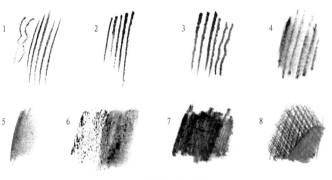

蜡笔、油画棒效果

▲ 蜡笔、油画棒效果

1.几种颜色交织着画的效果。

2.几种颜色交织着画，然后用手指揉擦混合的效果。

3.颜色叠加混合的效果。

4.画好条格后用清水铺底的效果。

5.浅色铺底，深色覆盖，再用小刀、牙签等硬物刮出图形的效果。

6.先用油画棒铺底，再用水彩上色，干后在上面作画的效果。

Chapter 4

应当具备的
相关知识

Relevant Knowledge
to Be Possessed

1. 观察与表现

视觉艺术创作离不开眼睛的观察，绘画能力的提高有赖于习画者观察方式的改进和观察能力的提高。观察方式和观察能力，远比技法手段更为重要。

初学者往往会碰到这样的情况：当他拿起笔，尽自己所能把见到的东西画下来之后，常会发现不仅人的比例不舒服（头画大了，手画小了，等等），而且人的动态很别扭，画的线条也支离破碎。为什么会这样？原因就在于，他动笔之前对所画的对象缺少一个整体的观察，脑子里没有形成对所画对象的整体印象；动笔时，没有整体观念作指导，看到哪里画到哪里，看一眼画一笔，画手时只看到手，而不会去看一看手和头、手和手臂的比例关系，局部和局部之间缺少联系。

整体观察就是在观察的时候，将对象的各个局部联系起来看，对所画对象的大致比例、运动规律，以及透视变化等因素做到心中有数。通过观察激发起速写表现的欲望并能选择最有表现力的角度和手段，这样后期创作的速写才会有生命力。

有了这些准备之后，就可以进行服装速写的表现了。一般是先抓大的人体动态，再刻画对象的主要部位，最后是充分而明确地表现服装的廓形、结构分割等。注意下笔要果断、肯定，要力图得到速写所要的最后形象，如果发现不对，再加第二笔。可以说，速写的过程是在形象局部推移中完成的。只有这样，速写者才能捕捉到模特转瞬即逝的精彩片断，快速地把握服装整体廓形与结构，细节的关系等。

服装速写在表现五官和发型的时候可以程式化，也可以省略五官。

2. 人体解剖和运动规律

画人体形态是我们在服装速写中经常碰到的，它的难度比较大，如果我们想画好服装速写，就要对人体解剖与运动规律有一定的掌握。这方面的知识也有专门的书籍介绍，但理解和掌握需要花一定的时间和精力。

在服装绘画中，掌握人体动态、人体形态节奏的变化是非常重要的。画头像，就要对人的头部基本解剖构造有所了解；画动态，就要对人体的基本解剖构造和运动规律有所了解。这样，观察才能落到实处，表现才能有力度，才能达到一定的准确性。

人体结构包括骨骼的构架和肌肉组织的穿插。人体造型就是骨骼结构、肌肉结构的外在体现。充分地了解人体结构是学好服装画的基础。服装画的人体造型要求是：比例夸张、简练、节奏感强。人体动态的表现则要舒展大方、简洁，给人干净利落的感觉，动态要有整体节奏感，类似"S"形曲线。要牢记人体外形轮廓的起伏特征。

人体肌肉、骨骼图

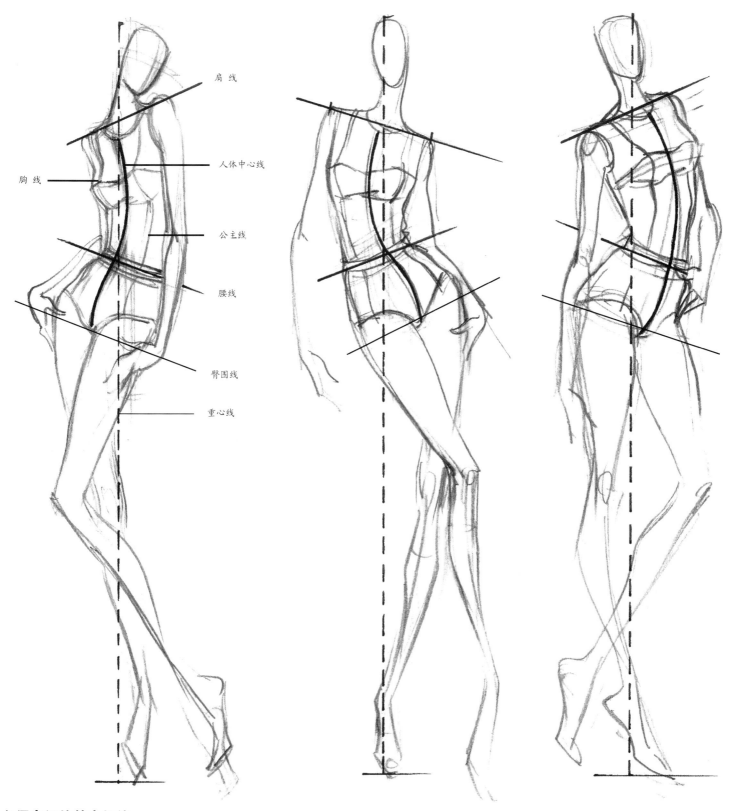

肩 线

人体中心线

胸 线

公主线

腰线

臀围线

重心线

必须牢记的基本规律：

服装速写人体动态的最主要用途是展示服装，动态并不复杂，大多以正面的形象为主，有明确的规律可循，其要点如下：

1.肩线与腰线的关系是"＞""＜"，像不封尖口的大于、小于符号。

2.人体中心线位置的偏移朝向是"＞""＜"符号的小开口所对应的方向。（人体中心线=人体动态线）

3.人体躯干随人体中心线偏移。

4.支撑脚落点靠近或落在重心线上。

牢记这个程式化的规律，可以帮助你分析掌握很多服装设计图的人体动态。大多数动态就是重心偏移后，人体走路或稍息站立的姿态。

所有人体动态都可以尝试用这种方法去分析。至于人体动态的整体节奏，则需要看图或在实践中用心体会。在实际运用中，这些典型的人体动态只需要掌握2—3种，即可得心应手地画服装设计图。我们甚至可以反复使用一个合适的姿势，只要学会改变面部、发型、胳膊的形态，整个姿势就会让人感觉不一样。

3. 由一个动态结构延伸出不同的动态

1.确定头身比例和肩、腰、盆骨线的关系。

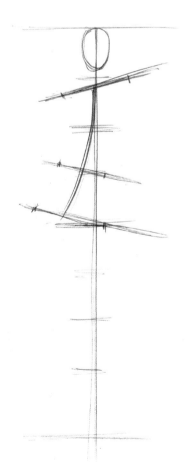

2.画出动态线。

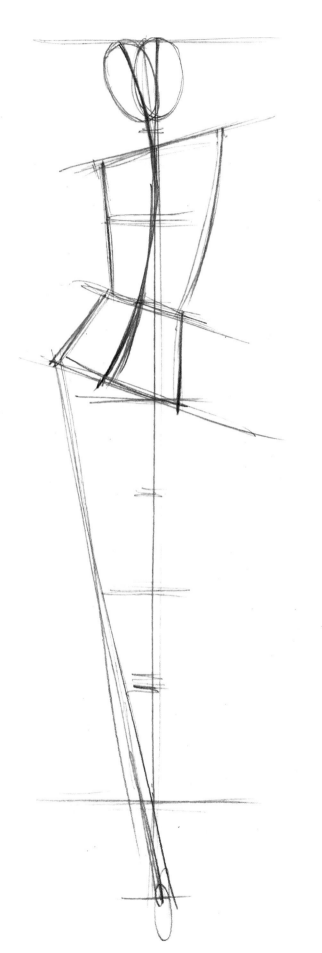

3.根据动态线延伸出不同的动态。

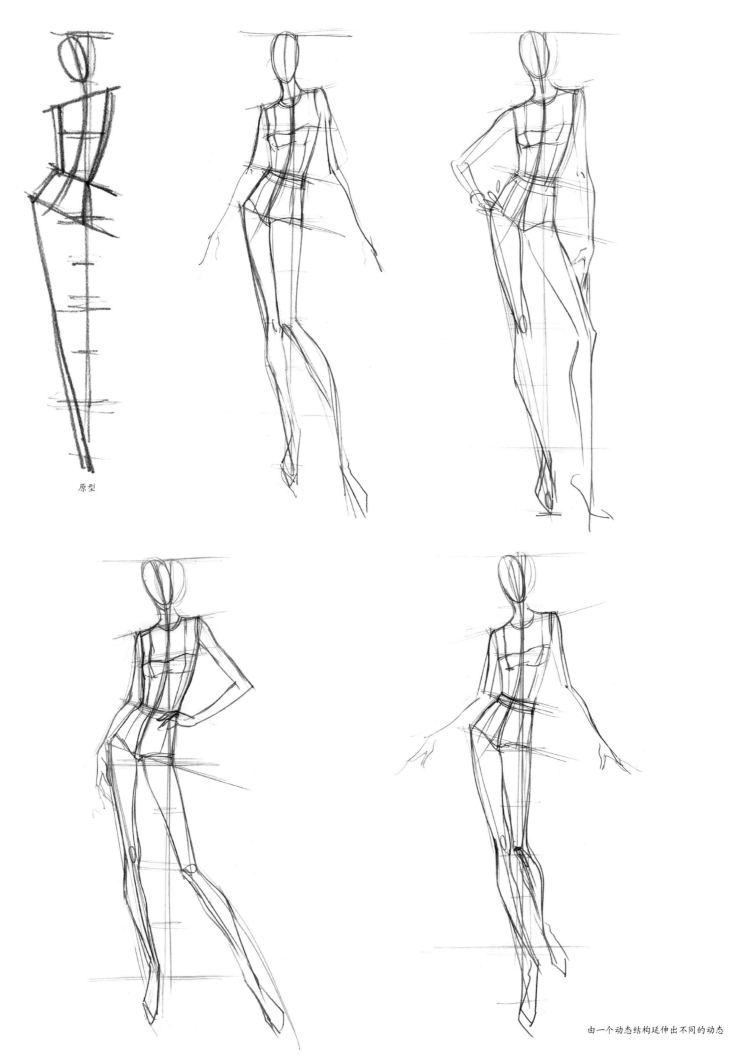

原型

由一个动态结构延伸出不同的动态

4.女装设计图典型动态

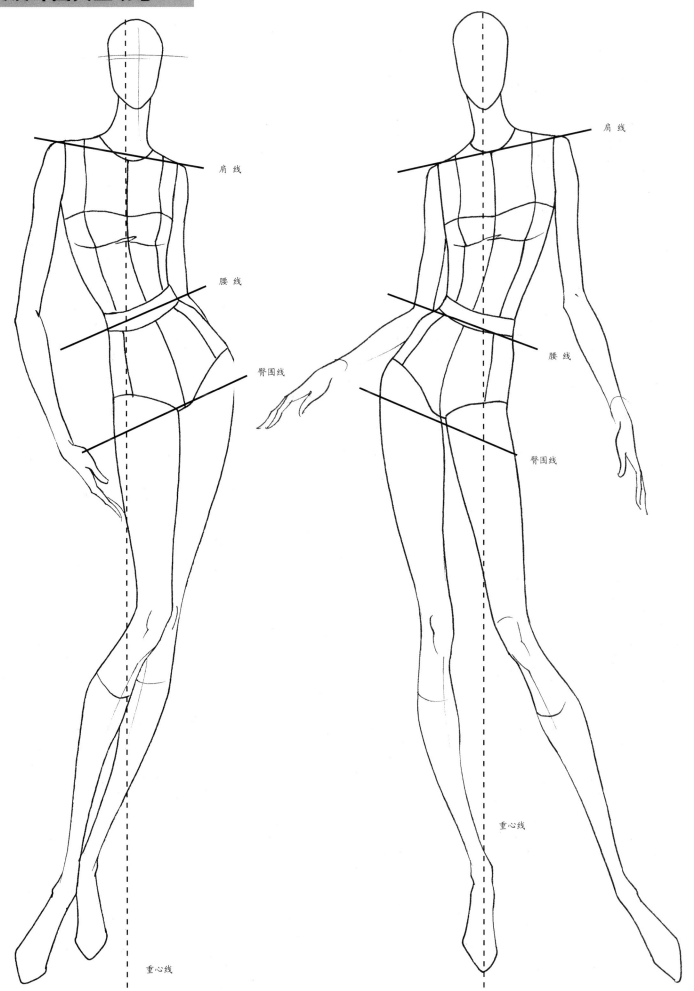

肩 线

腰 线

臀围线

肩 线

腰 线

臀围线

重心线

重心线

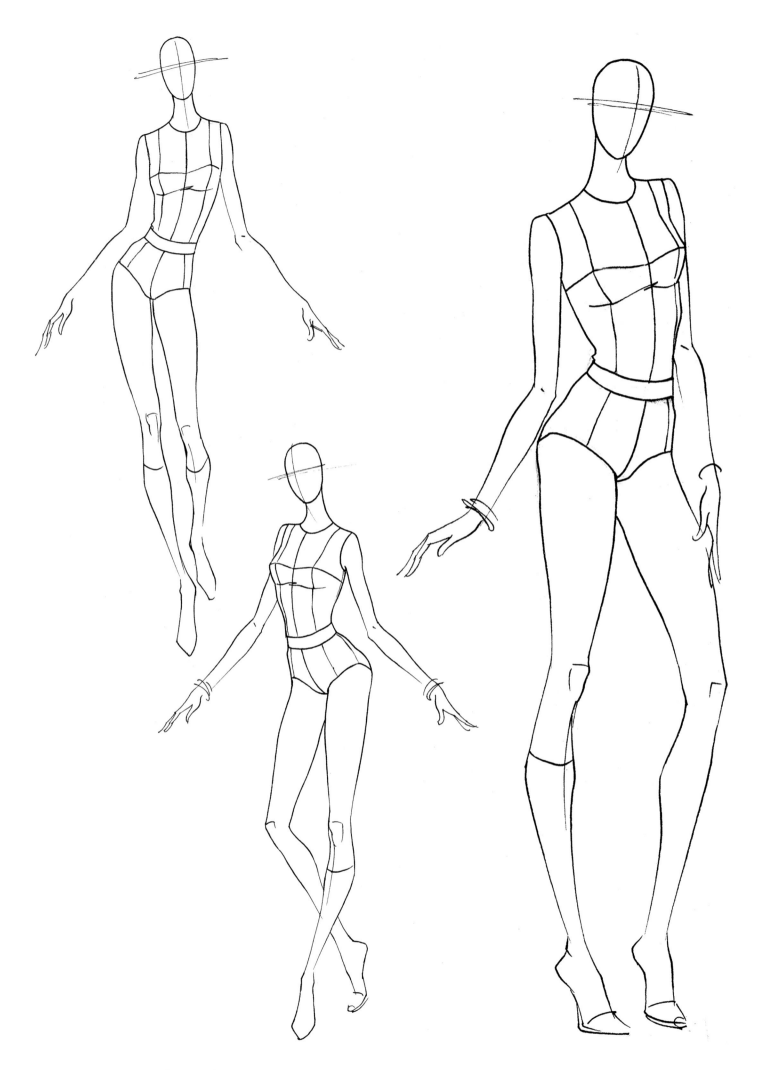

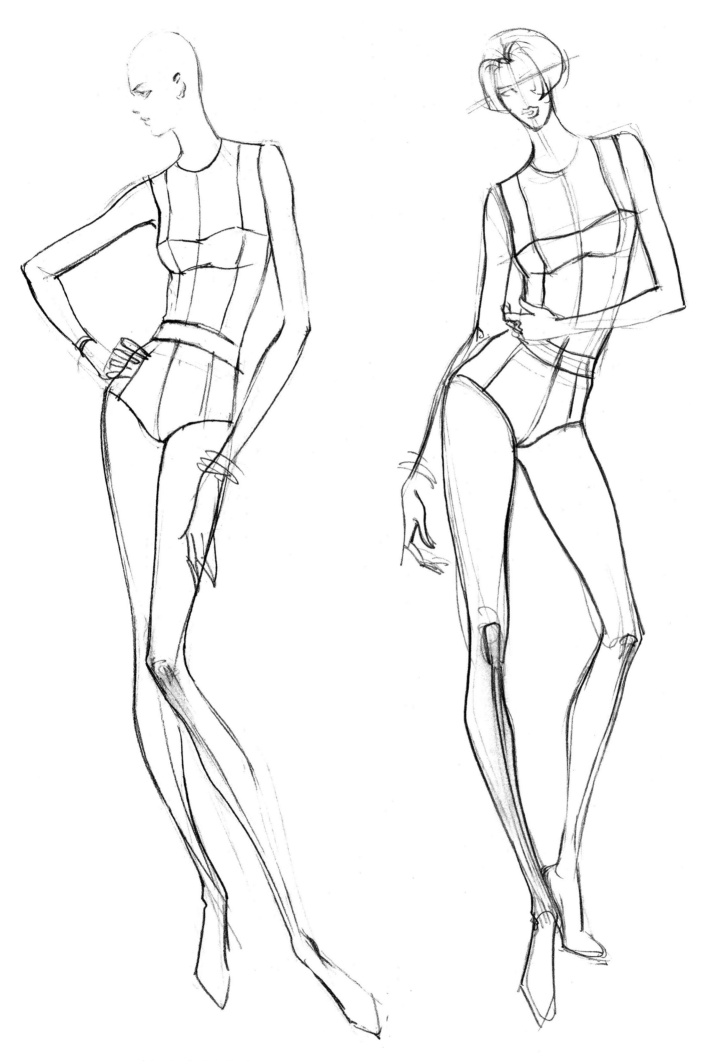

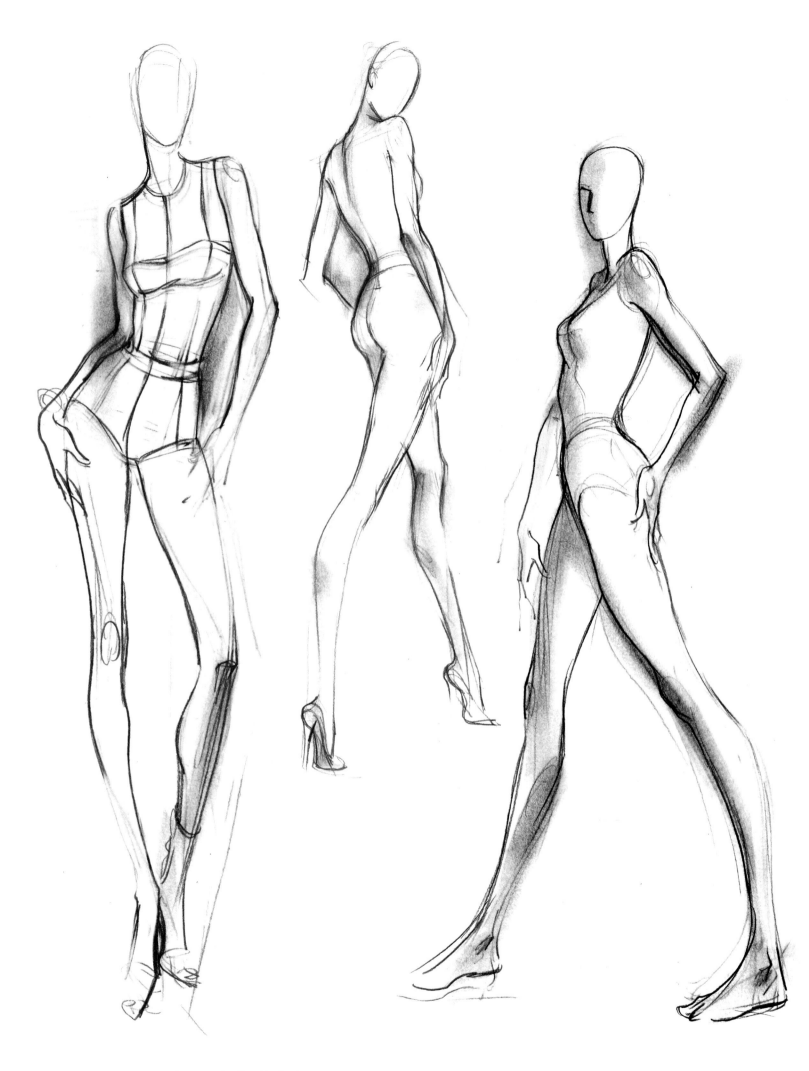

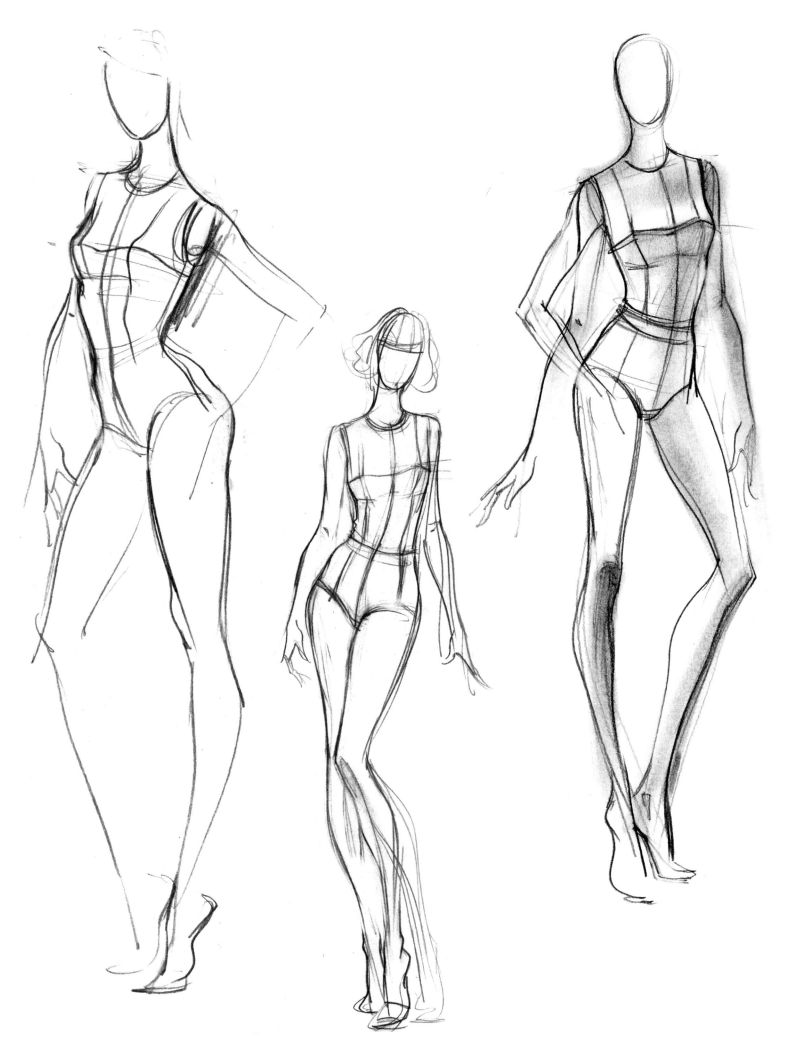

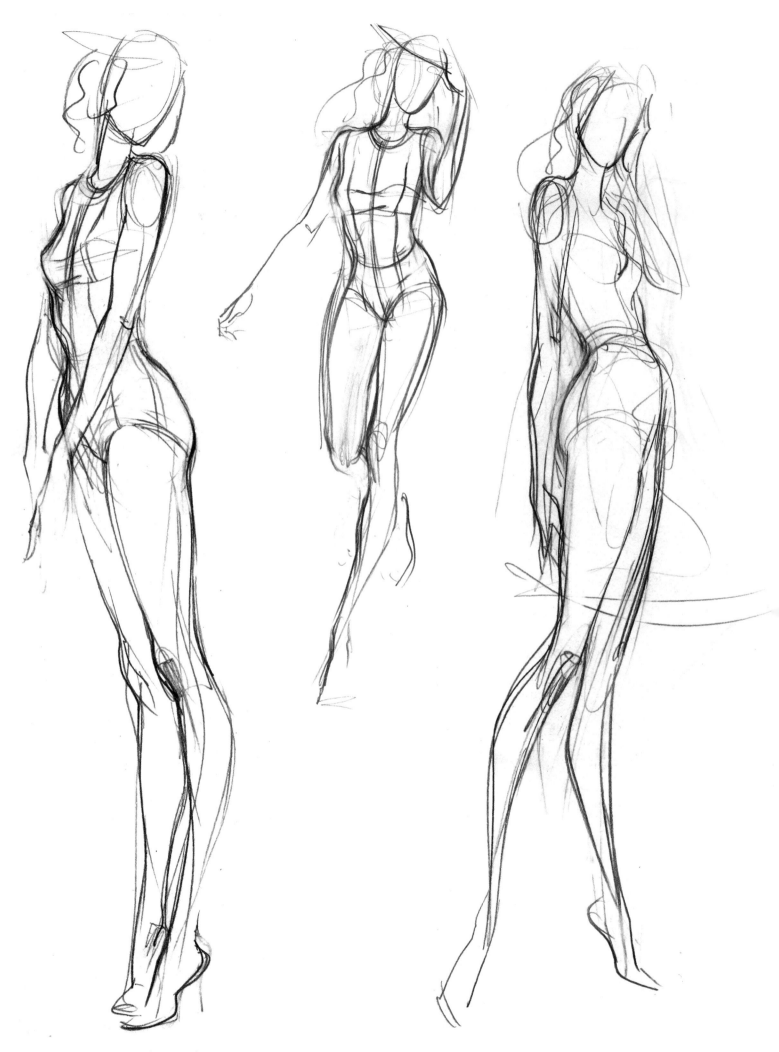

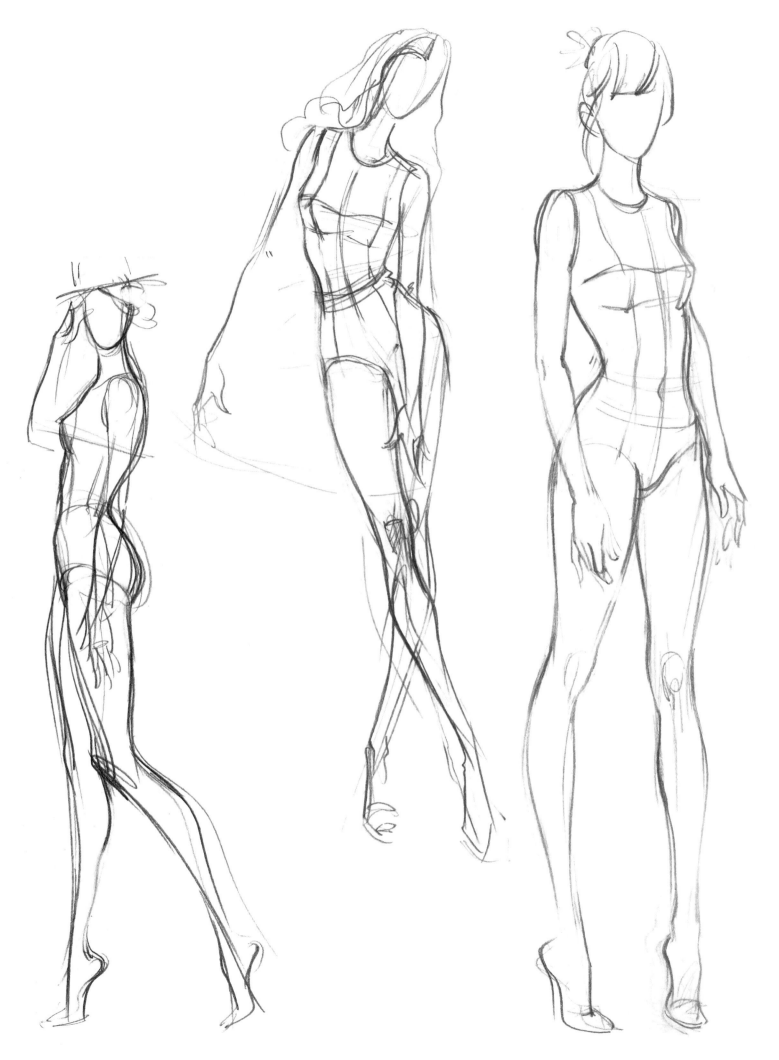

5.男装设计图典型动态

男装动态依然符合前面所讲的规律，只不过动态夸张程度要适中，太过则显得女性化。注意男性人体造型特征，面部宜方正些；脖子要画粗些，基本与面部差不多宽；肩要画宽；骨盆比较窄；肌肉、骨骼结构明显。

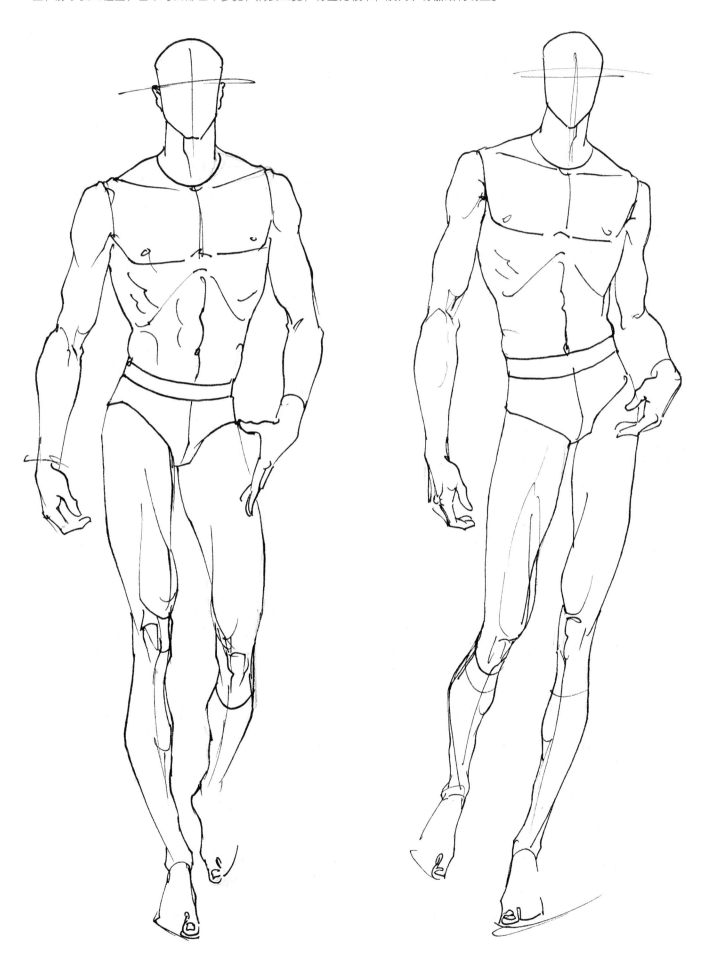

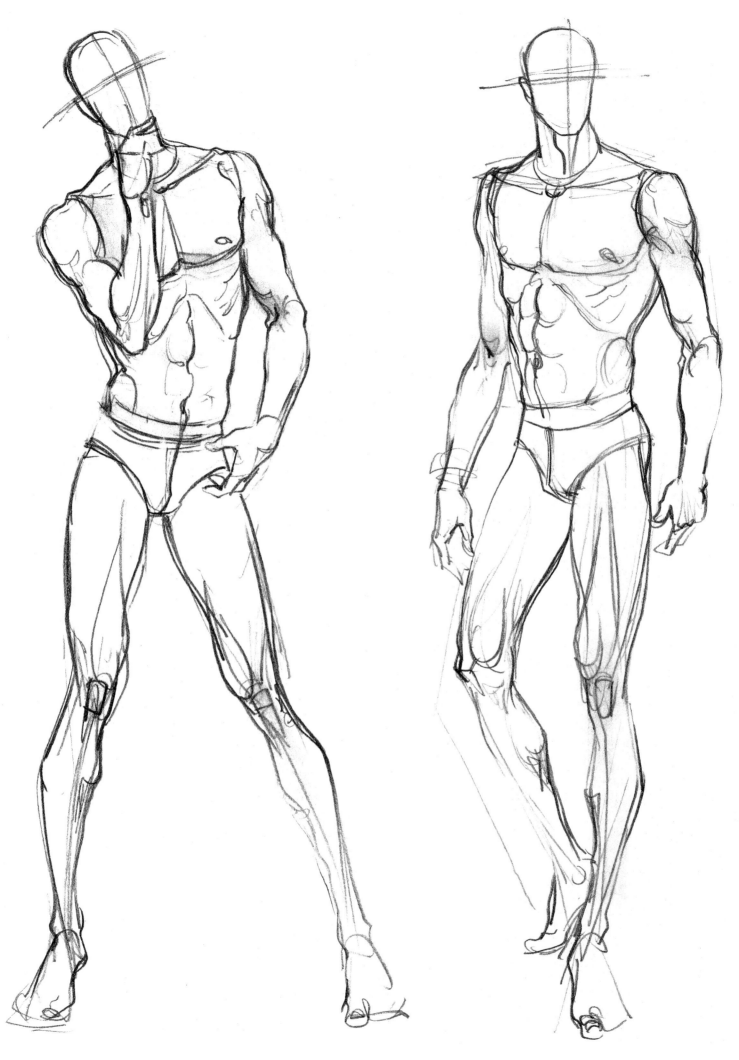

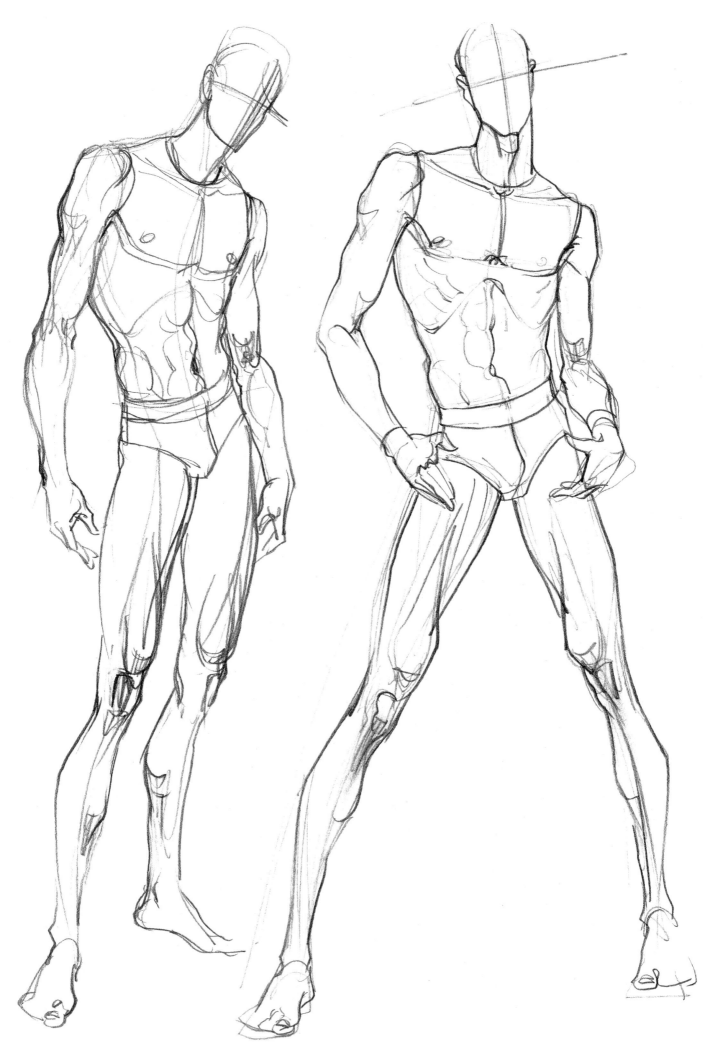

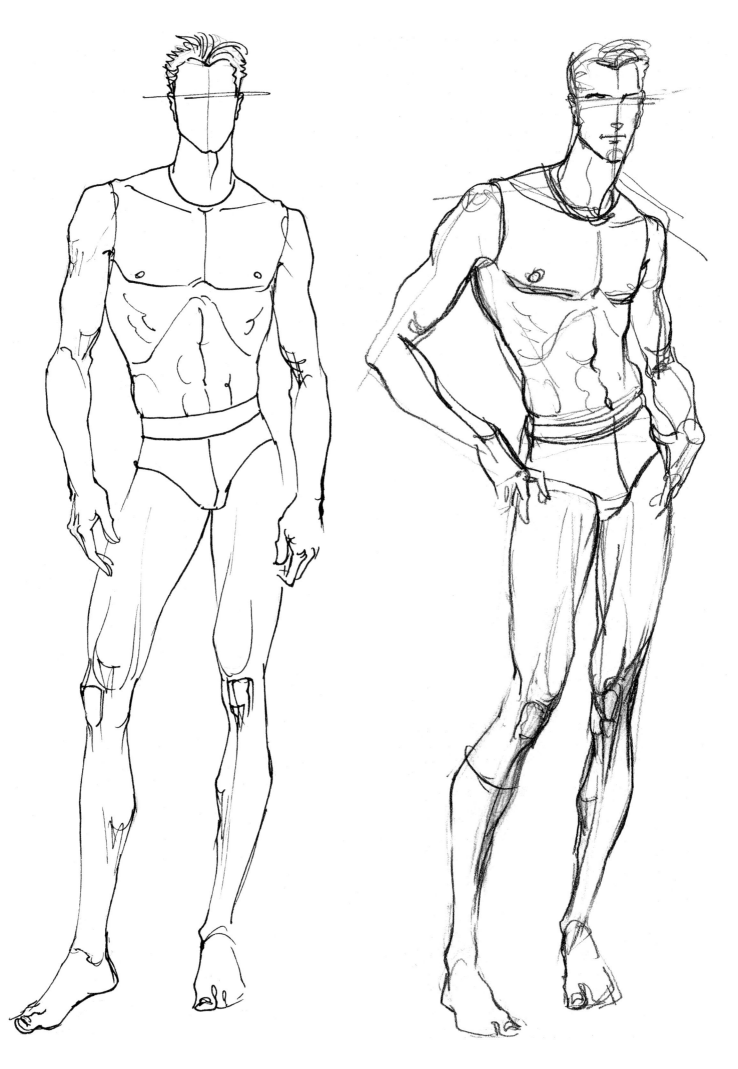

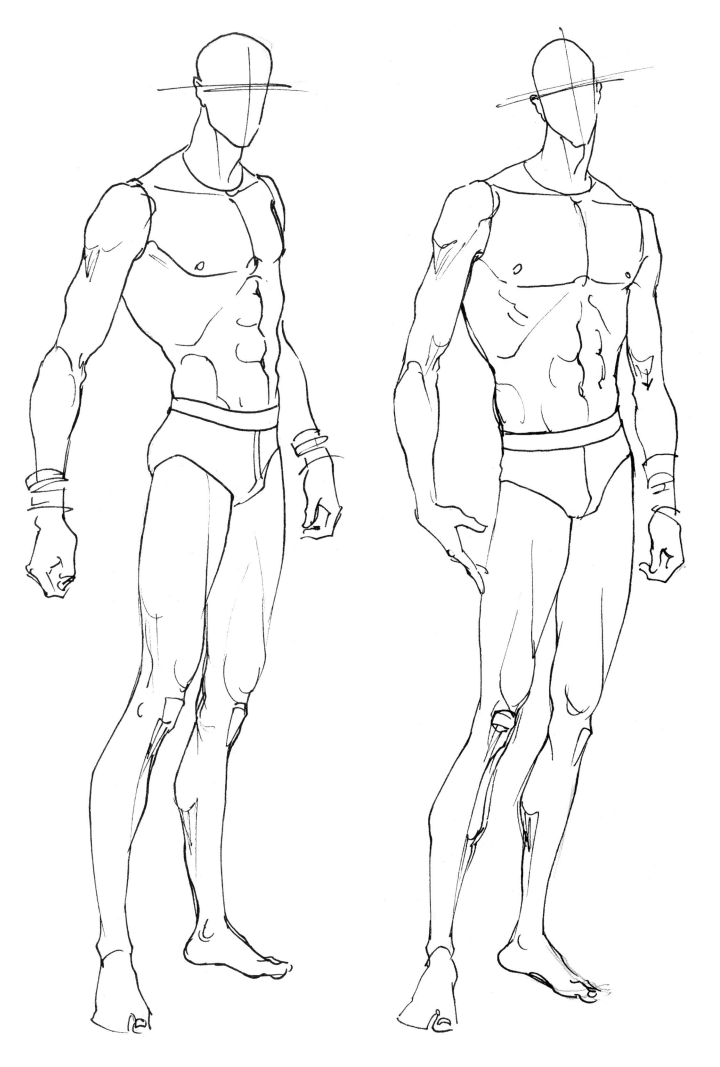

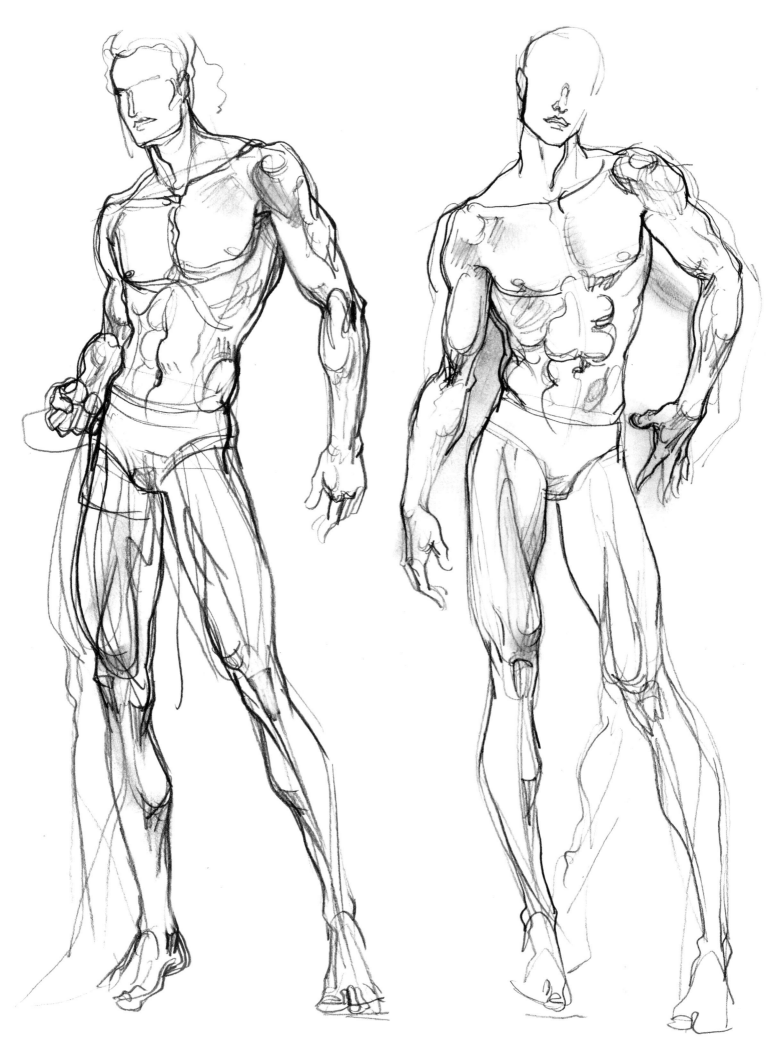

Chapter 5
服装速写的学习方法
A Fashion Sketch Approach to Learning

这里主要讲述服装速写的学习方法。学画服装速写和学习其它门类的绘画一样，需要一个循序渐进的过程，否则不但收效不大，还会影响一部分人对画速写的兴趣和自信心。学画速写一般遵循由慢到快、由静到动、由简到繁的原则。同时，还应临摹与写生相结合，才能收到良好的学习效果。另外，多看、多体会、多练习也是必不可少的。

1. 不同的目的 不同的样式

从学习画服装速写到能自由地使用速写语言来表达，这中间需要多长时间是没有答案的。不同的阶段，学生会对不同的速写风格产生偏爱。有的学生漠视的恰恰是优秀作品，有时又会对过去漠视的作品重新燃起兴趣，再者，即使学生对优秀作品认同，也多半是因为教师的灌输。这种现象不能仅仅解释为学生的艺术鉴赏力有局限性，而是跟学生的每个阶段的学习目的有关。因为学习的过程，常常是旧的难题被克服后，新的要求又被提出来的不断前行的过程。每阶段学习的目的是不同的。例如，刚开始学画速写时，学生大多希望自己掌握快速准确地把对象画下来的技巧。经过一段时间的训练，学生掌握了这种技巧，又会在速写表达上提出更新的要求。这时，教师对学生作出恰当的引导是有必要的。

对于设计创作而言，服装速写可以积累素材，记录思维灵感。由于创作内容上的差别，这类速写在完成的时间上也不尽相同，短的只需几分钟，长的可达几小时，甚至更长。

我们针对服装速写训练中所要达到的不同目的、不同样式提出了相对明确的要求：
1. 服装设计图的绘制对速写的要求——掌握程式化的人体动态规律动态，能快速表现人体动态及着装效果、款式细节等。
2. 服装插画的绘制对速写的要求——需要扎实的基本功，良好的绘画功底、艺术修养和对服装一定程度的深入理解。
3. 设计灵感的表达对速写的要求——创意的思维，重在服装结构形态、款式、廓形的表达，可以省略模特形态。
4. 范例的临摹记录对速写的要求——重在款式廓形的快速表达，可以省略模特形态。

设计图动态速写

插画速写

插画速写

设计灵感的表达、范例的临摹记录

设计灵感的表达、范例的临摹记录

2. 临摹和写生

在学习服装速写时，可以临摹与写生相结合。临摹在过去一直被看成是学习绘画的主要手段。无论东方还是西方，绘画学徒都是在临摹前人大量作品的基础上学会绘画语言的。在服装速写的学习过程中，配合一定数量的临摹，对初学者来说是有必要的。初学者临摹前人的表现方法，并将这些表现方法运用到服装速写中，肯定会获益匪浅。

与写生相比，临摹容易一些。因为临摹面对的是作品，不存在写生中碰到的从自然到艺术语言的转换的问题。所以，许多初学者临摹还过得去，但一写生就无从下笔了。那么怎样运用临摹手段呢？临摹必须与写生相结合。临摹本身不是目的，从写生到设计创作才是学习速写的目的，服装速写则更需要达到自由表现设计思想的目的。对初学者来说，学习解剖、透视等知识时，也需要通过临摹图例来体会。

举例来说，在写生时总是画不好手，怎么办？这就需要临摹一些手，解剖书上的也好，别人的作品也好，最好是能找到和写生时碰到的姿势、角度相似的手临摹，对手有了一定的体会，把画手的方法记在脑子中，再运用到写生中去。

3. 默写

我们可以这样练习，让模特儿摆一个姿势，先不马上写生，而是让学生从各个角度对模特儿作全面的观察，直到对特定的姿势特征有了一定的了解，并将整个形象记在脑子中。这时，让模特儿休息，学生把脑子中的模特儿画在纸上。然后，让模特儿摆回原来的姿势，学生将所画的默写作业与模特儿对照，检查错误。也可以对照一些服装秀的照片，观察后根据规律默写模特动态和服装款式。

4. 慢写

服装速写训练从慢写开始，慢写依然是速写，只是相对于短时间的速写来说，花费的时间较长而已。在这段相对较长的时间中，初学者需要训练眼睛的观察能力、手的表现能力，以及掌握工具的性能等。在慢写的过程中，初学者依然会觉得时间紧张。就作品来说，慢写所获得的形象仍然是速写所要达到的那种直接的、简练的、扼要的形象，慢写的画法也决不能用长期素描的方法来代替。随着熟练程度的提高，速写自然也就会快起来。当服装速写画得熟练的时候，程式化的人体动态可快速表现，但服装本身的表现则需要适当放慢，去充分地展现设计。

5. 根据时尚图片画速写

对于服装速写来说，参照时尚图片作速写练习，是一种比较有效的学习方法。因为图片是静止的，从一般速写的角度来说，初学者可以省去因对象转瞬即逝的生动性所带来的紧张感，还可以从容地尝试表现，即使速写失败也没关系，仍可以重新开始。根据时尚图片画速写对于服装专业的学生来说是必须做的，能按图片画速写，不一定能在真人实景面前画速写，但对于服装的设计表达来说就已经足够了。

（1）根据规律夸张人体动态

我们看到的服装图片，人体动态并非都很明显，想要将其转换成生动的服装画，关键是根据规律夸张人体动态。动态强烈，着装效果也会显得富有生气。看到图片，首先要依据前面讲的规律来分析人体动态。通过观察肩线和腰线的关系、骨盆的位置、支撑腿的落点、人体中心线的偏移来确定动态。如果服装图片中模特肩线、腰线倾斜不明显，骨盆的偏移也不明显，就应该从支撑腿的落点反推肩线和腰线的关系、人体中心线的偏移，来夸张动态。

（2）着装技巧与方法

着装技巧最关键的一点，是看到服装图片时首先考虑服装款式的平面状态和整体廓形，也就是说先考虑怎么用款式图表现出来，再把它画在相应的人体动态上。

◎ 观察与理解

解读服装设计的重点在于，首先认真分析服装的整体造型即外轮廓形态，其次仔细观察服装内在结构、设计细节和装饰细节。表现方法上要强调人体的形态，同时充分考虑人体形态与服装的虚实关系，突出服装与人体接触的地方，表现出衣纹规律性的褶皱。

◎强调服装的整体造型

不要被人体着装后所产生的褶皱所影响，人体的动态更能影响服装的整体造型，仔细考虑如何把看到的着装图片转换成设计图。

◎服装表现的取舍

取处：

服装的整体造型，服装的内在结构、设计细节，服装规律性的褶皱（手肘部分、胸腰部分、膝盖部分、脚踝部分）和服装自身的造型褶皱。

舍处：

影响服装整体造型的、起伏变化较大的外轮廓和褶皱，影响服装内在结构、设计细节的褶皱，过多的质感表现。

◎设计及细节的表现

服装内在结构线要加强，细节要放大处理，注意款式的细微
变化。既是为了充分表现服装的设计，同时也是在潜移默化
中解读设计。

首先分析动态，再依据人体形态添加着装。不一定要完全按
图片的动态来画，可以借用熟知的动态来表现。

图片的动态已经较明显，重心线落在右腿上，依据规律加强人体动态，调整肩线与腰线的关系，服装的款式细节和轮廓形的大感觉也要到位。

首先分析动态。以左腿的落点来反推肩线和腰线的关系、人体中心线、
骨盆偏移的方向。进一步加强人体动态，注意服装的整体廓形。

Chapter 6

服装速写技法
Fashion Sketching Techniques

服装速写技法是指画速写时所运用的技巧和方法。所谓技法，包含两方面的内容：一是指对材料工具的特性及其所产生的视觉效果的熟练掌握；二是指作画时所采用的方式。在这里，我们所说的技法主要是后者。

1.时尚头像速写

时尚头像速写要求在掌握基本结构的同时善于美化对象，传达被画对象的精神气质，表现其妆容、发型、细节配饰等，往往这几个方面互相结合、共同构成了头像的时尚风格。

2. 人体速写

人体速写一般穿插在人体素描课程中进行训练。对于业余爱好者来说，他们一般很少有机会画人体，但可利用一些人体雕塑或者摄影作品来进行训练。

掌握有关人体基本比例、人体基本构造和人体运动规律等方面的知识，有助于画好人体速写。需要注意的是，我们所说的知识的掌握，是指对这些知识的形象掌握，并不仅限于能知道名称和背诵相关的理论。比如，作画者对解剖知识的掌握，是指他能对特定动态下的人体基本构造和相应的骨骼、肌肉有所理解并能信手画来。

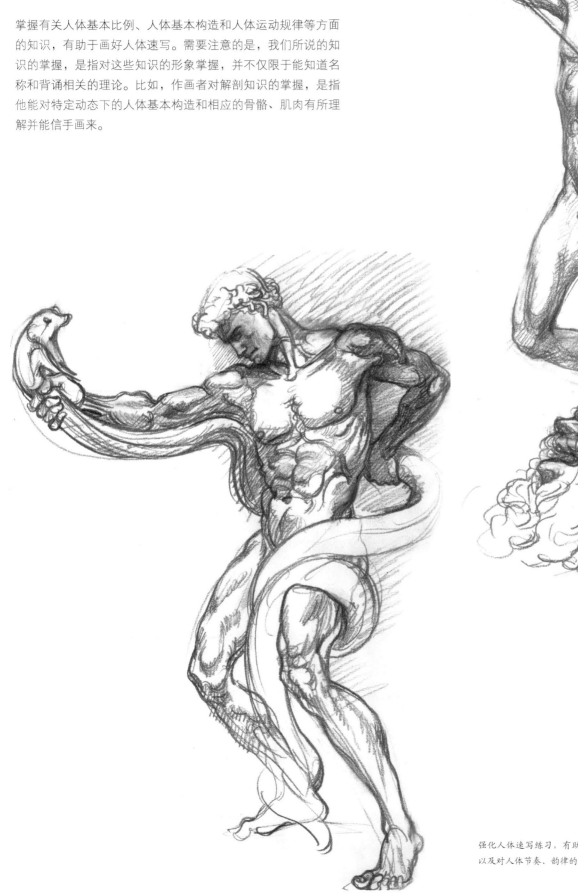

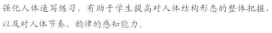

强化人体速写练习，有助于学生提高对人体结构形态的整体把握，以及对人体节奏、韵律的感知能力。

适合于服装画的人体速写结构相对简练些，更多关注大的动态关系。

一般行走、站立姿态适用于服装设计图，其他复杂动态适用于服装插画。

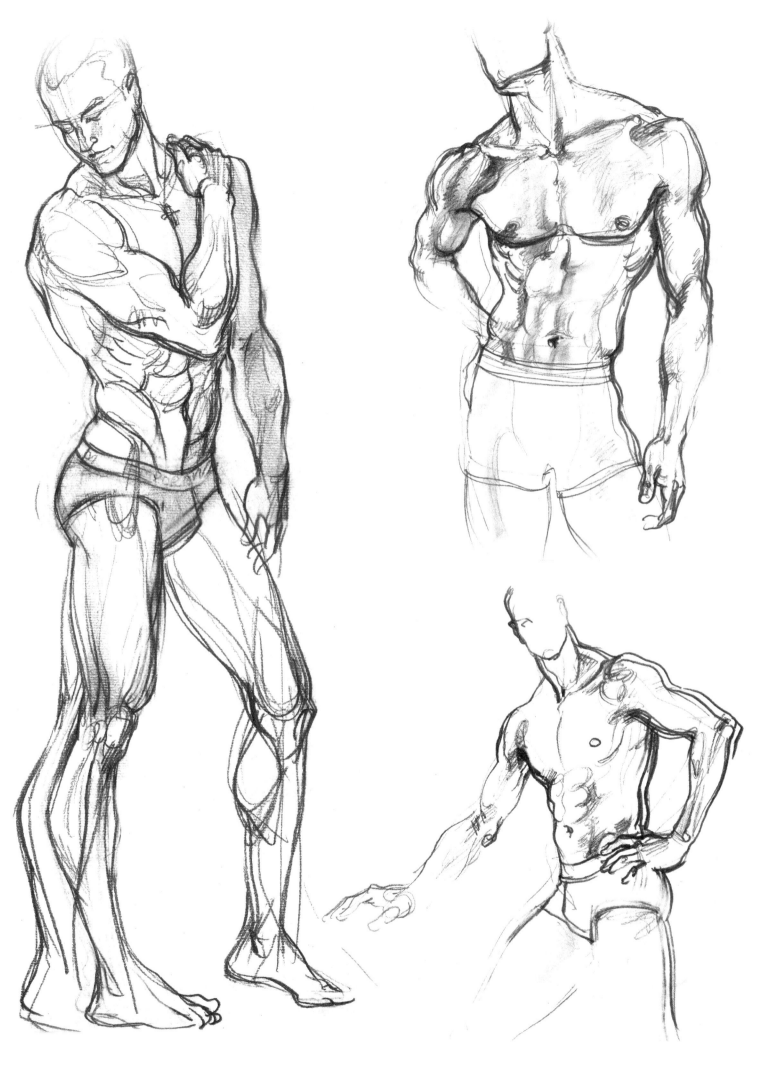

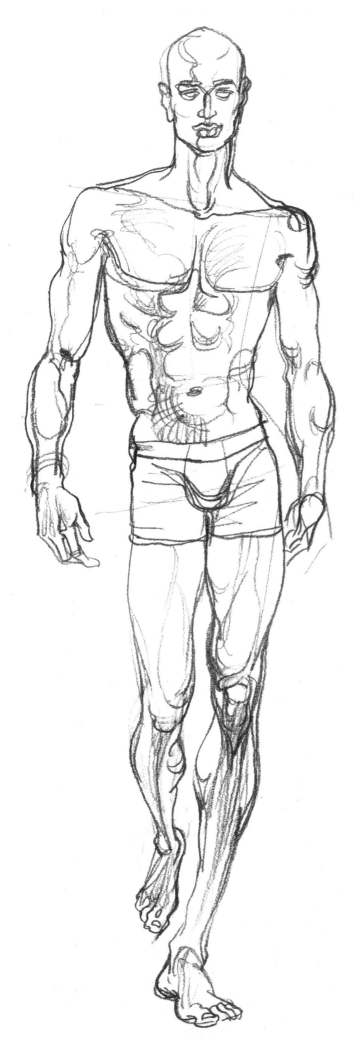

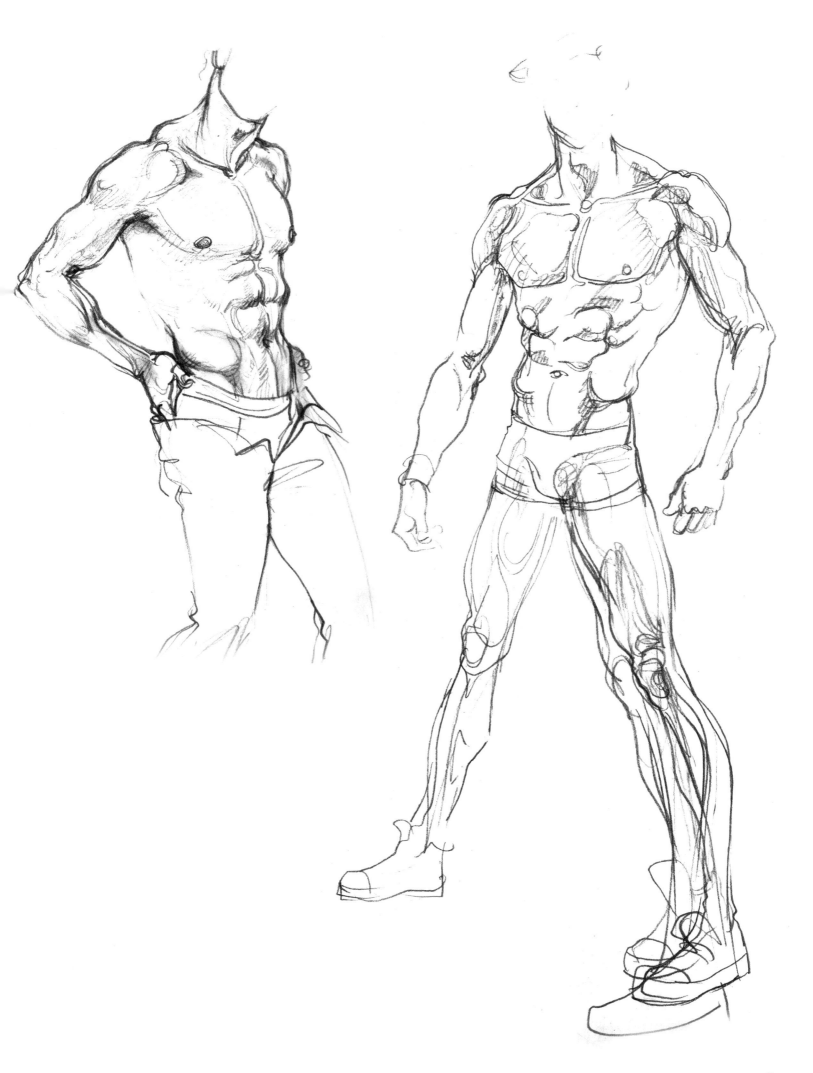

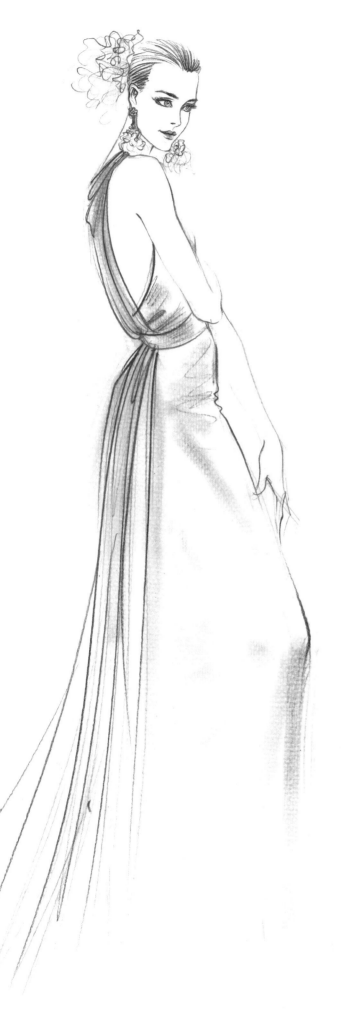

3. 服装动态速写

服装动态速写需要作画者凭借对人体运动规律的了解和对人体动态的视觉形象记忆来实现。

根据人物动作有无重复性，服装动态速写可分为程式化动态速写和无程式化动态速写；根据人物动作幅度的不同，又可分为局部动态速写和全身动态速写。对于程式化动态速写，初学者可根据观察，找到动态重复的规律作为速写的依据。

对模特在T台上的典型动态进行速写时，动态感的表达是十分重要的，作画者可先从"动态线"入手，舍去不必要的细节，最后再对服装整体形态和部分细节进行刻画。

动态速写范例1

这里选用的几个服装速写案例都偏向慢写，便于学生养成良好的速写习惯，而不是简单地追求表面线条的潇洒。要更多地注重服装与人体形态的关系以及服装设计细节等。

服装速写是画完人体动态后再画服装，便于学生理解服装与人体形态的关系。

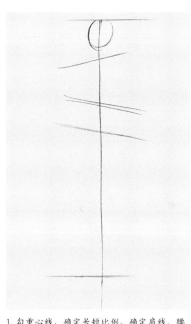

1.勾重心线，确定长短比例，确定肩线、腰线的关系。

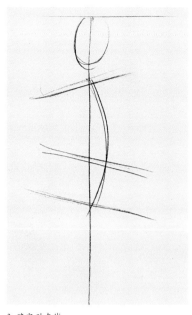

2.确定动态线。

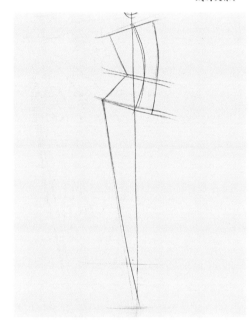

3.根据动态线确定身体宽窄比例。

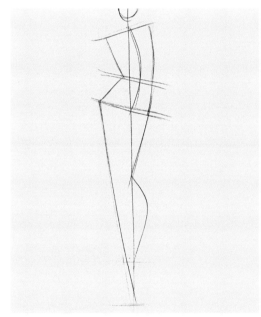

4.注意支撑腿落在重心线上。

5.确定另一条腿的动态。

6.确定手臂的动态。

7.注意人体躯干转动的角度。

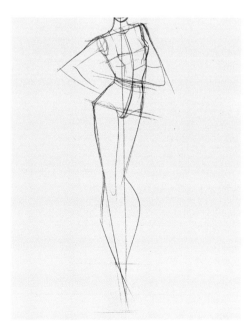

8.勾公主线、胸围线、腰围线等辅助线。

9.勾画腿的形态细节。

10. 快速完成人体动态。

11. 擦淡人体线条，勾画衣服轮廓。

12. 前门襟对应人体中心线。

13. 注意服装结构分割比例与人体形态的关系。

14. 刻画手的动态与包的关系。

15. 刻画鞋子的细节。

16. 服装的整体廓形完成。

17. 细节的刻画补充。

18. 勾领口、袖口、门襟、裙底摆的花边装饰。

19.注意裙子装饰与褶裥的关系，画出帽子的大致形态。

20.根据人体的形态和衣服褶皱规律处理明暗。

21.注意腿的结构与明暗关系，注意裙摆的透视与倾斜。

22.完成。

动态速写范例2

1.勾画人体重心线，确定比例。

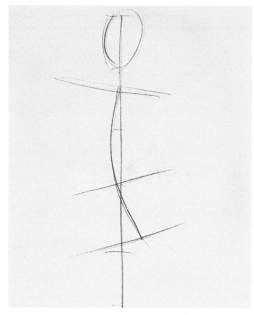

2.确定肩、腰、盆骨底线关系及动态线的变化。

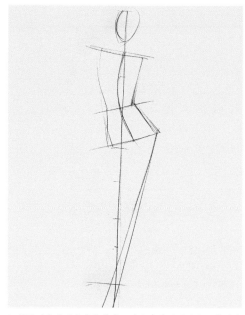

3.根据动态线确定身体宽窄，确定支撑腿的动态，支撑脚落在重心线上。

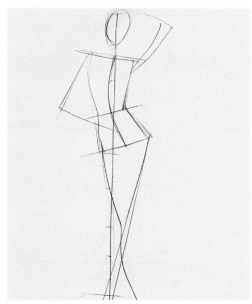

4.确定另一条腿的动态和手臂的动态。

5.勾勒公主线、胸围线等辅助线。

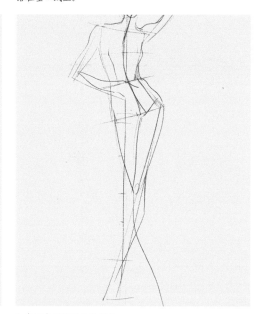

6.勾勒支撑腿的具体形态。

7.调整动态线与人体形态的关系。

8.勾衣身的大致形态。

9.勾裙子的大致形态。

10.整体的服装轮廓形态要与人体相协调。

11.勾发型与五官细节,头发要分组画才有条理。

12.礼服上的薄纱衣要贴着人体画。

13.勾画手与包包的形态。

14.勾勒裙子的大致形态,大的裙形完全掩盖了腿的形态,但是描绘其褶皱要考虑腿的形态。

15.注意衣裙的虚实变化,不能平均对待处理。

16.根据人体的形态,先上明暗调子,便于画好蕾丝花纹后透出人体。

17.大体勾勒上衣花形,注意节奏、虚实变化。

18.一边深入画花形,一边根据需要加深明暗调子。

19. 根据人体的形态，完善整体明暗关系。

20. 强调衣纹的明暗调子，注意虚实变化。

21. 裙子的明暗调子不宜太深，这样显得轻盈些。

22. 完成。

动态速写范例3

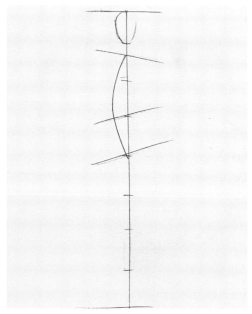

1.确定9个头的比例和肩、腰、盆骨底线的关系，确定动态线。

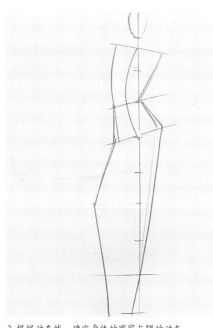

2.根据动态线，确定身体的宽窄与腿的动态。

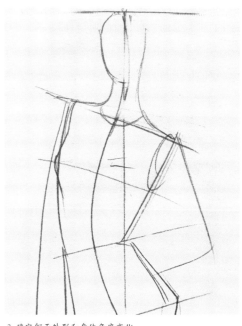

3.确定躯干外形和身体角度变化。

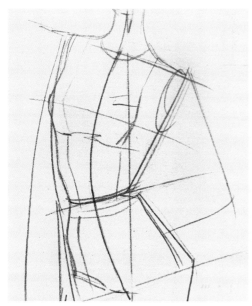

4.勾画公主线、颈围线、袖笼线、胸围线、腰线。

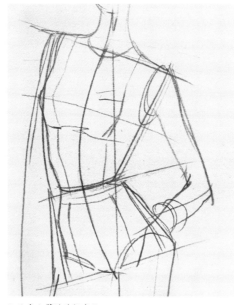

5.注意小臂的透视变化。

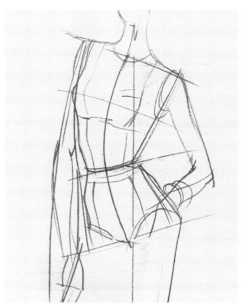

6.画出另一个手臂自然放松的感觉。

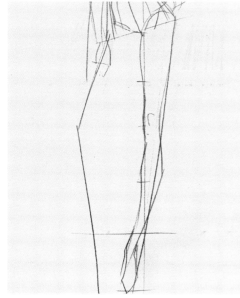

7.勾勒支撑腿的形态。

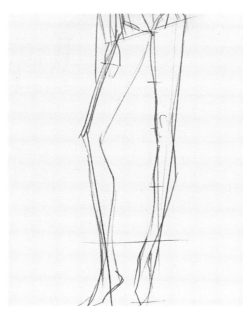

8.勾勒另一条腿的形态。

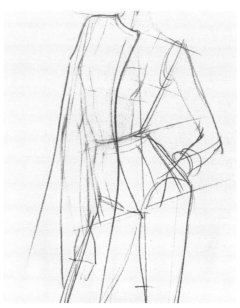

9.擦淡人体形态，初步勾勒衣服的大致轮廓。

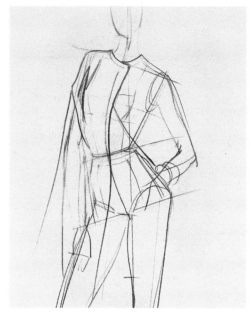

10.继续勾衣服的大轮廓,注意腋下、手肘处的衣纹变化。

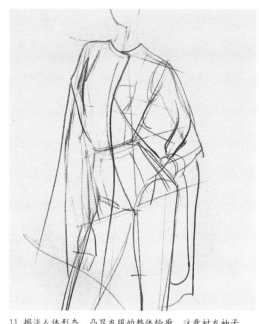

11.擦淡人体形态,凸显衣服的整体轮廓,注意衬衣袖子形态。

12.画支撑脚和裤腿形态,要注意腿外侧的结构。

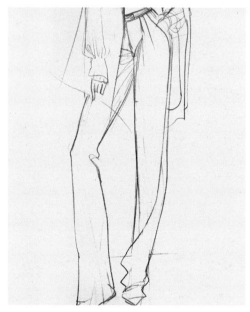

13.丰富裤子的褶皱。

14.确定皮包的形态及位置。

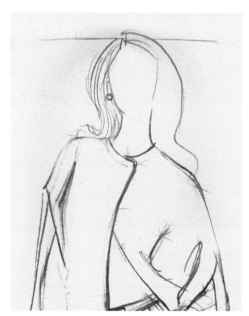

15.画头发要整体。

16.一组组地画头发,不要一根根地画。

17.从肩部开始画明暗关系。

18.根据衣服的起伏变化、人体形态来大块面涂抹明暗调子。

19.画衬衣图案的大致形态。

20.略加深披风的调子，与衬衣形成对比。

21.画裤子和包的明暗调子。

22.完成。

Chapter 7
服装速写欣赏
Fashion Sketch Appreciation